FABRICATION
DU FROMAGE
DE BRIE

PAR

SIOT-DECAUVILLE

DEUXIÈME ÉDITION

PRIX, 50 CENTIMES

DÉPOTS

COULOMMIERS
WEBER-BÉGUIN
PLACE DU MARCHÉ

PARIS
16, RUE SAUVAL, 16

1881

FABRICATION
DU FROMAGE
DE BRIE

PAR

SIOT-DECAUVILLE

DEUXIÈME ÉDITION

PRIX, 50 CENTIMES

DÉPOTS

COULOMMIERS
WEBER-BÉGUIN
PLACE DU MARCHÉ

PARIS
16, RUE SAUVAL, 16

1881

A

M. DELALLONDE

DIRECTEUR DE L'*Industrie laitière*

A mon ami Delallonde.

Vous me demandez de vous donner les renseignements nécessaires pour fabriquer le fromage de Brie. Je me fais grand plaisir de vous être agréable. Que de progrès déjà vous avez fait faire à toute cette industrie depuis la publication de votre journal : l'Industrie laitière.

Aussi je m'associe de tout cœur à l'œuvre utile à laquelle vous vous dévouez tous les jours ; je dirai plus : je me fais un devoir de vous fournir les quelques renseignements que vous voulez bien me demander, surtout sachant que vous voulez améliorer cette fabrication, qui n'a pas suivi suffisamment sa marche progressive.

Je m'intéresse depuis longtemps à cette fabrication, vous le savez ; je l'ai suivie pas à pas dans tous ses nombreux détails : je m'en occupe journellement et ai bien encore à apprendre ; je vais donc vous faire part, de la manière la plus simple, du résultat des observations que j'ai faites.

Avant de vous donner ces détails, permettez-moi de vous dire que ce que vous avez entrepris a toujours été dans un but louable et désintéressé, et je vous en félicite.

Acceptez donc, en mon nom et en celui de tous mes collègues s'intéressant à cette belle industrie, nos remerciements les plus sincères, d'abord pour votre première initiative, puis pour votre zèle, qui ne s'est jamais démenti d'un instant, et pour votre dévouement sans bornes.

Comme récompense, connaissant votre modestie mieux que personne, je me plais à croire que plus tard tous les fermiers qui prennent plaisir à lire votre sérieuse publication, reconnaîtront l'utilité de vos bons conseils et qu'ils vous dédommageront de tous vos labeurs, en utilisant d'une manière intelligente tous les produits de leurs fermes ; ce sera pour vous, j'en suis sûr, le couronnement de la lourde tâche que vous vous êtes imposée.

SIOT-DECAUVILLE.

FABRICATION
DU FROMAGE
DE BRIE

Pour parler utilement de la fabrication du fromage de Brie, il importe de traiter de l'acquisition des vaches appelées à donner le lait devant être converti en fromages, et de leur installation dans la vacherie, car de là dépend le succès de la laiterie.

§ 1. — L'acquisition des vaches.

L'acquisition des vaches est une chose très importante (le choix de la race surtout).

Il faut choisir la *normande cotentine ;* c'est la vache qui donne le lait contenant le plus de caséum, qui donne une pâte plus ferme aux fromages, ce qui les fait se conserver bien plus longtemps. La vache normande est généralement d'un bon tempérament, à la condition cependant de la faire pâturer le plus longtemps possible.

Viennent ensuite les vaches de la Suisse et les flamandes; ces dernières ont le seul défaut d'être un peu plus délicates, il faut savoir choisir leur nourriture. La qualité du lait est excellente. La vache suisse au contraire est la plus commode à nourrir; elle est toujours en meilleur état que toutes ses voisines flamandes, soumises au même régime; du reste, vous la voyez constamment ruminer. Ce serait donc à ce point de vue-là que je la recommanderais. Après expérience faite, je suis persuadé que le lait est de bonne qualité; mais je préfère encore la normande, son lait fond moins que celui de la vache suisse.

Bref, une étable possédant ces trois races peut obtenir un excellent résultat dans la Brie. — Mais une qu'il faut bannir, c'est la hollandaise..., vache souvent à grande quantité, bonne pour celui qui vend son lait. — Mais ce lait manque de densité; plusieurs expériences faites ont démontré que ce lait bleuâtre fondait beaucoup, peu de temps après le dressage, donnait au fromage une pâte sèche, accusant qu'il ne contenait pas suffisamment de principes caséeux. Je ne suis pas le premier à faire ces essais; quelques fermiers ont dû établir d'une manière irrécusable ce que j'avance. Or, tous convaincus qu'avec les hollandaises on ne peut faire de bons fromages de Brie, ceux qui en possèdent encore et qui veulent arriver à bien faire ne les garderont donc pas.

§ 2. — Hygiène des vaches.

Après avoir choisi de préférence la race normande, que je recommande par-dessus toutes, j'arrive à la question d'hygiène.

Pour produire quoi que ce soit d'une manière intelligente et complète, il faut à l'homme la santé.

Pour obtenir du cheval ses plus brillantes allures, il lui faut la santé.

Et, pour que les vaches donnent beaucoup de bon lait, il leur faut aussi la santé.

La santé des vaches étant le point important pour obtenir le lait, sans faire un cours d'hygiène (car ceci n'entre pas dans mes attributions), je me bornerai à quelques conseils pratiques dont l'exécution me semble indispensable.

Il faut, pour avoir des vaches laitières bien portantes :

1° L'aération raisonnée de la vacherie ;

2° Les soins quotidiens ;

3° La nourriture.

1° *L'aération raisonnée de la vacherie.*

Pour avoir une étable dans des conditions d'aération suffisante, il faut au moins, d'après les observations faites jusqu'à ce jour, une moyenne de vingt mètres cubes d'air par tête de bétail.

Ceci paraît exagéré, mais il a été démontré qu'avec ce volume d'air on n'avait jamais d'accidents à déplorer comme péripneumonie, épizootie qui sévit malheureusement trop souvent ; et qu'avec un volume moindre on perdrait beaucoup d'animaux phtisiques ou atteints par d'autres maladies non moins graves.

Il est certain que la chaleur augmente la quantité de lait, mais au détriment du tempérament.

Du reste, on peut en faire le rapprochement avec les arbres fruitiers, poussés en serres chaudes, qui donnent abondamment la première année, puis s'étiolent, donnent de vilains fruits et meurent.

L'aération raisonnée est donc un point important.

Avec ce volume d'air, il faut encore éviter les émanations ammoniacales, ce qu'on obtient au moyen d'une rigole bien cimentée et pentée suffisamment pour emmener vivement le purin dans une fosse disposée à l'extérieur et qui est de première nécessité.

Le thermomètre placé dans chaque vacherie, à une hauteur de deux mètres environ, doit marquer 15 à 16° centigrades, mais pas plus de 16°, et, si l'étable est complètement close, il faut donner, à l'aide de vasistas, des courants d'air nécessaires pour ne pas dépasser cette température.

Exemple d'aération : une étable de vingt mètres de longueur sur trois mètres soixante-quinze de haut et quatre mètres vingt-cinq de largeur, ou *vice versa*, pourra contenir seize vaches pour être dans les conditions suffisantes d'aération, et chaque case portera un mètre vingt-cinq de largeur intérieurement.

Voilà la règle à suivre : elle est simple et surtout peu dispendieuse.

2° *Des soins à donner aux laitières.*

Les vaches doivent être étrillées et brossées tous les matins.

La litière doit être renouvelée chaque jour. Au moment de la traite, le pis doit être soigneusement lavé à l'eau tiède et séché avec un linge doux. Surtout n'employez pas d'eau froide, car cela pourrait amener des crevasses et même une perte considérable de lait.

Il ne faut pas employer des serviteurs qui maltraitent les animaux.

La vache ne donne pas tout son lait, quand elle craint la personne qui la trait.

Puis il faut séparer les vaches, car ne mangeant pas aussi vite l'une que l'autre, soit en raison de leur appétit ou de leur âge, il faut absolument les séparer par une cloison. pour acquérir la certitude que la provende qui leur a été donnée a bien été absorbée par chacune d'elles et que l'animal est bien portant.

3° *De la nourriture pendant la stabulation.*

Nous préconisons toujours la prairie dans la mesure du possible.

Nous avons la vallée du Morin qui possède de très bons pâturages; mais malheureusement les débordements arrivent pendant l'hiver et ne permettent pas de faire pâturer aussi longtemps qu'il est nécessaire, car il serait préférable de suivre l'exemple de la Normandie en laissant le bétail dehors toute l'année. — Ne le pouvant pas, il faut y remédier par une autre nourriture et certains soins.

Il faut, pour bien faire, emmagasiner le plus possible de regain de pré; les vaches étant rentrées à l'étable au mois de novembre, leur en donner à volonté. — Il faut ensuite leur faire prendre l'air deux fois par jour, au moins une bonne demi-heure, même dans la cour de la ferme. — Des auges seront disposées pour qu'elles puissent boire à volonté, et en respirant l'air, en prenant un peu d'exercice, l'appétit sera meilleur, elles se porteront beaucoup mieux et leur lait sera de meilleure qualité. Je vous conseille ces petits moyens hygiéniques, qui cependant ne peuvent encore avoir les avantages du pâturage.

Ce qui réussit le mieux et qui donne au laitage et au brie son bon goût, c'est le *son*. Il faut en donner environ 2 kil. 500 grammes par jour avec 10 kilogrammes de regain ou foin de bonne qualité, et 2 kil. 500 grammes de luzerne, et le lait obtenu aura de la consistance, les fromages se conserveront bien plus longtemps, ayant une pâte bien plus ferme tout en restant grasse.

Qu'est-ce qui a perdu en partie le goût de nos fromages? C'est la *pulpe*. Tout cela est la conséquence des sucreries qui se sont créées en assez grand nombre dans nos pays. Le fermier fait des betteraves; il les vend, emporte chez lui de la pulpe à bon compte, et, au lieu de se contenter d'en donner à ses moutons, il en est arrivé, par économie, à en nourrir ses vaches. Et qu'a-t-il obtenu? Du brie avec un goût détestable. En thèse générale, il faut éviter toutes les nourritures fermentées pour la réussite du bon fromage; je dirai plus, pour faire du brie d'excellente qualité, il faudrait presque supprimer les betteraves. Je vous avance ce fait après de nombreuses expériences acquises; du reste, si nous nous reportons à un temps plus éloigné, on nourrissait beaucoup à la pomme de terre : on s'en trouvait fort bien ; puis avec des carottes : là on trouvait un petit goût au lait.

Mais ne peut-on faire des mélanges de carottes, pommes de terre, son et foin ? Mais si, parfaitement ; je crois même qu'en hiver ce serait la meilleure nourriture à donner.

Il y a d'autres essais qui ont bien moins réussi; je vous citerai, entre autres, la nourriture avec de l'orge, expérience qui nous a coûté fort cher et qui nous a fait perdre tous nos fromages. Ils manquaient de consistance, ils coulaient, ce qui nous a démontré que cette nourriture était tellement rafraîchissante, qu'elle perdait toute la qualité du lait.

Avec une bonne et saine nourriture, comme celle que nous prescrivons plus haut, on est sûr d'obtenir d'excellent laitage ; après cela, laissons donc la *pulpe* ou les tourteaux, ainsi que toutes les nourritures fermentées, aux cultivateurs qui mettent leurs animaux à l'engrais.

4° *De la nourriture pendant l'été.*

Il faut faire pâturer les vaches deux fois par jour, les abreuver en les rentrant à l'étable, puis leur donner 2 kilogrammes de foin ou de luzerne, 2 kilogrammes de son et une forte ration de pois d'hiver dits gravières. C'est cette dernière nourriture la meilleure entre toutes; quand la saison en sera passée, soit en septembre, on remplacera par le maïs, qui est aussi un bon vert; mais il faut avoir soin d'échelonner sa culture de façon à ne pas le donner à sa maturité.

C'est à peine à la formation du fruit qu'il est le meilleur, car plus tard il est moins facile à digérer et il donne moins de lait.

Beaucoup de fermiers donnent du trèfle incarnat; c'est certainement une bonne nourriture, mais tellement nutritive dans certains terrains qu'elle occasionne la perte de beaucoup d'animaux de sang de rate.

Cela n'a pas le même inconvénient pour les chevaux, auxquels cette nourriture réussit parfaitement. Il faut donc laisser cela à la race chevaline et cultiver le plus possible les gravières, qui sont certainement les nourritures donnant le plus de lait aux vaches.

Après avoir traité de la santé des animaux appelés à donner un bon lait, l'opération première est de porter ce lait, qui vient d'être trait et qui a 33° centigrades environ, dans la laiterie, qui doit avoir une température de 14° centigrades dans le mois de septembre lors de la bonne fabrication.

Par les grands froids, le thermomètre peut descendre à 10° centigrades et même au-dessous, suivant l'endroit où est disposée la laiterie; mais, malgré cet abaissement, *il ne faut jamais chauffer pas plus l'appartement que le lait.*

Plusieurs personnes chauffent à l'aide de tuyaux remplis d'eau chaude passant dans la laiterie; très bon système peut-être pour certaines fabrications, mais que nous ne préconisons pas *pour le brie*, jusqu'à preuve du contraire cependant, car il ne faut jamais jurer de rien; mais il est préférable, quant à présent, que la laiterie corresponde, au moyen d'une large ouverture faite à l'étable, qui donnera la chaleur nécessaire, et c'est ce qui réussit dans la plupart des bonnes fabrications.

En chauffant, voici le mauvais résultat qu'on obtient :

Une *pâte grise*, et on change complètement le goût du fromage, qui n'est plus celui du brie, mais qui rentre presque dans la fabrication de certains *fromages cuits*.

Je n'insiste pas plus; mais je dis : Il ne faut pas chauffer pour faire du *bon fromage de Brie*.

Passage du lait.

Dans la laiterie se trouve disposé un vaste récipient d'une capacité de 2 à 300 litres, sur lequel on place un tamis en toile métallique très fine, et on verse le lait au fur et à mesure qu'on l'apporte de l'étable. De cette façon, la traite entière se trouve mélangée, et la fabrication n'en est que plus régulière.

Cette opération terminée, on prendra des vases en grès d'une contenance d'environ 20 litres, et on les remplira du lait provenant de la traite soit du matin soit du soir, l'*une* ou l'*autre*.

Ces vases doivent être préalablement disposés l'un à côté de l'autre dans un local spécial à côté du dressoir communiquant à l'étable, dont nous ferons plus tard la description.

On a parlé beaucoup présure dans notre journal l'*Industrie laitière ;* il y a même un peu de rivalité, si j'ai bien compris, entre quelques fabricants.

Les uns pensaient que la caillette des veaux de Lyon était meilleure que celle provenant des veaux de Paris, etc., etc.

Je regrette vivement d'être obligé d'en parler aujourd'hui; mais, puisque nous avons commencé la fabrication du fromage, je suis mis en demeure de parler de la coagulation du lait, qui est une opération bien délicate et, je dirai mieux, du plus haut intérêt.

Je m'occuperai donc seulement de la présure qui réussit le mieux en Brie. Sans nommer aucun fabricant, je serai très impartial; je me bornerai seulement à indiquer la façon pratique de s'en servir. On ne m'accusera donc pas de faire de la propagande pour tel ou tel des membres de notre Société; loin de là. J'entends traiter de la présure comme si je n'avais rien lu antérieurement ayant rapport à certaines discussions à ce sujet. Aussi je puis dire que toutes les présures en général à base de caillettes de veau sont bonnes, cependant quand elles n'ont pas un goût trop prononcé ; mais encore faut-il savoir s'en servir. Je vais l'indiquer en parlant de l'emprésurage.

§ 3. — L'EMPRÉSURAGE DU LAIT.

L'emprésurage du lait est un des points les plus importants pour la bonne réussite de la fabrication.

Ne craignez pas de le laisser refroidir ; vous pouvez l'emprésurer à la température de 30° centigrades, sans doute, puisque le lait sortant du pis de la vache a environ 33 à 34°, comme nous l'avons dit plus haut; mais, plus froid, cela réussit mieux.

Plus l'opération de l'emprésurage *est longue*, meilleur en est le résultat.

Or voici le moment venu de parler sérieusement présure.

·Quelle est donc celle à employer? Et comment doit-on s'en servir?

Pour obtenir un caillé prêt à mettre en moule assez douillet, sans exagération bien entendu, en un mot, à point pour faire du *bon brie*, il ne faut pas une coagulation trop prompte; or il faut de préférence une bonne présure ordinaire, *mais pas d'extrait de présure ;* car, si vous employez un litre de présure ayant force pour emprésurer 8 à 10 000 litres de lait ou plus, là, il faut agir avec trop de prudence, l'opération n'étant pas faite par soi-même; on ferait donc mieux, pour plus de sécurité, d'additionner cette présure d'un peu d'eau, pour ne pas avoir à déplorer des irrégularités, ou alors ne pas employer d'extrait de présure, mais, au contraire, la présure opérant *moins vite*, car c'est là où nous voulons surtout attirer l'attention.

L'extrait de présure a bien son emploi; nous en reparlerons tout à l'heure.

Revenons à la manière d'emprésurer le lait.

Tout le monde sait emprésurer sans doute; mais un grand soin qu'il faut avoir, c'est de verser la présure dans les pots remplis, comme je le disais plus haut, presque goutte à goutte, en agitant le lait dans tous les sens avec une grande cuillère en bois sans discontinuer pendant cette opération; car le lait étant emprésuré, je suppose, à une température de 30° centigrades, il y a bien des chances, avec une présure un peu forte, d'obtenir un caillé tout veiné.

Voilà encore un avantage que nous signalons en emprésurant à 18 ou 20° au lieu de 30°, car c'est à ce fort degré que cet inconvénient se produit plus facilement. Avis aux fabricants d'extrait de présure, qui devraient recommander à leurs acheteurs de se servir de leurs produits seulement pour un lait à 20° *au plus*, et de l'additionner d'eau (voyez, je suis bon apôtre ; tout en préconisant la présure qui opère lentement, je donne le moyen de se servir de l'extrait de présure).

A côté de cette bonne fabrication, que tout le monde devrait faire dans la Brie et qu'on ne fait pas, nous sommes obligés de signaler que beaucoup de fermiers agissent de ruse ; au lieu de livrer à la consommation le fromage fait avec du *lait pur*, comme le consommateur le recherche, ils font du *beurre* et, avec le reste, fabriquent par conséquent des *façons brie*. Le mot est lâché : mais je ne dis que la *vérité*. Du reste, informez-vous, si vous en doutez, et vous aurez bientôt comme moi le mot de l'énigme.

Il est donc inutile de chercher tous les jours les moyens à prendre pour avoir du bon lait; il faut seulement engager l'habitant de la Brie, fabricant de fromages, à *ne plus faire de beurre*, et je crois que les produits de ses fermes seront appréciés autrement qu'ils ne le sont.

Je reviens à l'extrait de présure. — Je dois dire que, pour le *lait écrémé*, je serais d'avis d'emprésurer un peu plus fort, dans une juste mesure sans doute et toujours à la condition que la présure soit bien mélangée au lait. Voilà où l'extrait peut rendre plus de service.

Comme le caillé obtenu a moins de consistance, puisque la crème a disparu, et cela se voit facilement au dressage en fondant plus rapidement, pour ces fabricants, ils ont avantage à emprésurer à plus forte dose pour donner plus de tenue à leurs fromages, ce qui leur permet de supporter mieux le voyage; ils n'en sont pas meilleurs pour cela, au contraire, et, avec la couleur qu'ils ajoutent; en plus ils sont encore bien moins bons; mais cela leur donne l'apparence de fromage crémeux : c'est un subterfuge que nous sommes obligés de signaler. — Bref, ce fromage maigre a très belle apparence ; mais, messieurs les amateurs, vous ne devriez jamais en acheter, car cela vous donne une triste idée de la fabrication actuelle, et ce serait la meilleure protestation contre ces fraudes.

Je ne m'étendrai pas davantage sur ce sujet ; je me résume.

Pour les fromages dont on a distrait la crème (ou dits maigres), je dis donc emprésurage un peu plus fort, et *pour le vrai Brie*, qui fait l'objet de notre programme, nous recommandons *peu de présure* et *opération lente* faite avec du lait ayant 20° centigrades au plus, plus froid vaut encore mieux.

Alors vous aurez un caillé ayant assez de tenue, mais pas trop dur, donnant pour résultat un fromage à pâte onctueuse et qui sera apprécié par tous les gourmets.

§ 4. — DRESSAGE. ÉGOUTTAGE.

Le dressoir, qui est souvent disposé à la suite de la chambre où l'on emprésure le lait, est entouré de tables en chêne épaisses, munies de rainures d'un centimètre de profondeur formant rigoles.

Ces planches reposent sur de petits murets en

briques; le tout disposé avec une pente suffisante pour chasser les égouttures dans un bassin qui doit être disposé à l'extérieur, afin d'éviter les émanations lactiques qui donnent un mauvais goût dans l'appartement.

Au-dessus de cette installation première, on fait plusieurs étages de planches moins épaisses, assujetties au mur par des supports en plâtre ou en ciment, et avec un espace de 20 centimètres environ tout autour de l'appartement. — Le nombre ne peut être fixé qu'en raison de l'importance de la fabrication.

Elles doivent avoir les mêmes rainures et également pentées pour servir à l'égouttage, dont nous parlerons tout à l'heure.

Cet établissement doit être, autant que possible, un peu obscur et fermé hermétiquement, pour éviter la présence des mouches; mais il faut ménager des ouvertures pour établir des courants d'air quand le besoin s'en fait sentir.

La température ne doit jamais dépasser 17° centigrades pour l'hiver. En été, il faut avoir un autre établissement plus frais, car la chaleur donnée par l'étable serait beaucoup trop forte; il faut même encore bien souvent amener l'eau pour rafraîchir suffisamment.

Le lait, emprésuré le matin à cinq heures, ne doit être dressé, au plus tôt, qu'à huit heures. Plus tard vaudrait mieux. Le soir, on fait la même opération à l'heure de la deuxième traite.

Il ne faut, sous aucun prétexte, remplir les moules qui contiennent le caillé du matin avec celui du soir.

Ceci se fait dans beaucoup de laiteries et fait naître de graves inconvénients.

Entre autres, on peut remarquer dans le milieu du fromage, quand il est fabriqué, une soudure qui sera d'une couleur verdâtre et qui restera toujours apparente.

En coupant le fromage au bout de quelque temps de fabrication, on s'en rendra bien compte.

Or il faut en principe dresser le matin le produit de la traite. et recommencer le soir la même opération.

Un mot sur les moules.

Les personnes qui remplissent leur moule avec le caillé du soir ont des moules en fer-blanc de

8 centimètres de hauteur environ et d'une seule pièce; ce sont ceux-là que nous ne vous engagerons pas à prendre.

Il faut deux cercles en fer-blanc d'une certaine résistance, ayant l'un, celui du bas, 5 à 6 centimètres, et l'autre, 4 centimètres de hauteur, s'emboîtant bien l'un dans l'autre, de manière que quand le caillé est fondu de moitié, on puisse enlever la partie supérieure, et c'est à ce moment qu'on doit retourner pour la première fois.

Il faut ensuite disposer les moules pour recevoir le caillé. Pour cela, il faut, sur les planches en chêne disposées autour de l'appartement, placer des planchettes en bois de hêtre ou de grisard munies d'un cajet de jonc, puis y poser le moule.

Il faut avoir soin de mettre les cajets tous dans le même sens, soit en long, de façon à n'avoir uniformément, au moment de retourner, qu'à changer le cajet, le mettre en travers; nous dirons plus loin la raison majeure qui nous guide pour faire opérer ainsi.

On procédera ensuite au dressage : ceci se fait en prenant le caillé dans les pots en grès, au moyen d'une écuelle en fer-blanc, sans manche, ronde et peu bombée, pour prendre facilement par grandes couches pas trop épaisses, car, pour bien dresser, il faut avoir la précaution de briser le moins possible le caillé et le mettre en moule par grands lits, et non pas faire, comme dans certains établissements, briser les cailles et même les diviser à la main dans les moules. Là, le caillé fond beaucoup, et la pâte a moins de tenue après l'égouttage.

En dressant ainsi le caillé par grandes couches, on obtient une pâte homogène et un fromage plus épais; de plus, il se comportera beaucoup mieux.

Les moules emplis, on laisse l'égouttage se faire jusqu'à ce que le moule soit à moitié; on enlève ensuite la partie supérieure, qui, comme je le disais, s'emboite sur l'autre, et à ce moment on retourne pour la première fois, en ayant soin d'avoir à la main une nouvelle planchette munie d'un cajet sec; on retourne vivement. (*Observation :* La planchette et le cajet ne doivent plus servir qu'après avoir été lavés et séchés.)

On fait la même opération le soir, en procédant de la même manière, mais ayant bien soin de ne ne pas remettre le cajet de jonc dans le même sens, afin de former sur le fromage des espèces de petits carreaux qui forment rigoles, facilitent l'égouttage et préparent au salage.

Il y a avantage à retourner deux fois; car on a constaté que le fromage qui n'avait été retourné qu'une seule fois avait un côté plus dur, pas de sillons imprégnés par le cajet de jonc, qu'il graissait de ce côté et enfin prenait mal le sel.

Au milieu de l'opération de l'égouttage, on se sert quelquefois de l'éclisse, qui n'est autre qu'un cercle en fer-blanc s'ouvrant et s'agrafant à volonté comme une jarretière, de manière à pouvoir réduire le diamètre du fromage, en augmentant son épaisseur, ou quand on aperçoit que le caillé manque un peu de fermeté, c'est-à-dire que le fromage est susceptible de s'affaisser; mais ceci n'est pas toujours indispensable. On laisse l'égouttage se faire jusqu'au lendemain matin, moment l'où on doit enlever le moule.

Ceci est le résultat de vingt-quatre heures d'égouttage. Il faut ensuite saler un côté dans la matinée et les tours.

Cette opération se fait à la main pour les tours, et à l'aide d'une plume d'oie pour le dessus.

C'est par ce moyen qu'on obtient plus de régularité, et c'est un point important, car l'endroit oublié se fera justice lui-même. Il sera facile de le reconnaître au bout de quelques jours, car la première moisissure blanche n'y sera pas apparente et le fromage ne sera pas de conserve.

Il ne faut pas trop saler, mais cependant assez; dans la Marne, on sale peu, mais généralement les fromages (dits brie courants) ne pourraient être conservés.

Dans la vallée du Morin, on sale un peu plus; aussi remarque-t-on que les fromages ont bien plus de tenue et se conservent plus longtemps.

J'insiste sur ce point, en recommandant de se garder d'exagération en trop ou trop peu.

Le point essentiel, c'est l'uniformité.

Ce premier salage étant fait, ces fromages devront être remontés d'un étage sur les planches dont nous avons parlé précédemment, mis ensuite sur une tournette en osier simplement et sans cajet, pour les égoutter et les consolider un peu.

Le soir, on peut saler l'autre côté, en ayant soin de changer la tournette en osier qui sera humide; ceci est la règle pour la saison d'été; mais, en hiver, souvent on sale en deux jours, car l'égouttage est un peu plus long à se faire. De toute façon, si on le pouvait, ce mode d'opérer en deux jours serait préférable, et nous le recommandons, car le fromage étant un peu plus égoutté conserve mieux le sel. Il faut soir et matin retourner de la même manière, en remontant graduellement tous les jours les fromages d'un étage.

Cette opération dure trois jours; après quoi, on emporte le fromage dans la chambre où il doit s'achever et prendre sa moisissure.

§ 5. — Le choix d'un local et soins a prendre.

L'appartement destiné à recevoir les fromages doit être, autant que possible, obscur et muni de plusieurs ouvertures disposées de manière à régler l'aération, suivant les variations de la température.

Les murs sont enduits de *plâtre* et non de ciment (il faut même faire repiquer les murs quand ils présentent un aspect noirâtre). Toutes les fenêtres doivent être garnies extérieurement de toile métallique très fine, et, autant que possible, il faut mettre des doubles portes à toutes les ouvertures; faire, en un mot, ce qui est possible pour éviter la présence des mouches, car si le fromage de Brie s'est fait souvent une mauvaise réputation, parce que, dit-on, il marche seul, ce n'est qu'un manque de soins de la part de ceux qui le livrent ainsi. Beaucoup de fermiers font en été du brie qui n'a jamais de vers (hâtons-nous de dire qu'ils font tout pour ne pas en avoir). Cela n'est donc pas impossible.

Plusieurs étages de planches seront disposées autour de la pièce pour recevoir les produits venant du saloir.

Puis on met par terre, principalement pendant la saison d'hiver, une couche de paille assez épaisse pour assainir.

Bien des personnes réussissent leur fabrication sans se douter de la difficulté qu'il y a à bien faire ; c'est certainement par hasard : c'est l'endroit où le fromage est appelé à se faire qui est très bon à cet effet. Elles reconnaissent, du reste, n'avoir jamais rien fait pour cela ; c'est très heureux pour ces privilégiés ; je leur dirai même qu'ils n'ont qu'à continuer, sans jamais rien changer, car ils pourraient tout perdre avec la plus simple modification.

Beaucoup d'autres, et c'est la généralité malheureusement, sont moins heureux; c'est pourquoi j'insiste sur le choix d'un local, qui est une chose bien importante en même temps que très difficile à trouver. Il ne faut pas oublier d'y mettre un thermomètre, meuble indispensable, car le fromage de Brie est tellement capricieux que, sous l'influence d'un air sec ou humide, ou une température plus ou moins élevée, on le voit d'un jour à l'autre complètement changer; c'est ce qui m'avait fait dire, à une certaine époque, que le brie était une vraie sensitive; je le réitère encore aujourd'hui, ne trouvant rien de plus vrai pour le caractériser.

Soins à prendre.

Il faut pour bien soigner ce produit, le retourner tous les jours, ayant bien soin de changer le cajet de jonc chaque fois; ce n'est qu'avec cette mesure de propreté indispensable que le fromage passera par les différentes périodes qui lui sont nécessaires et dont nous parlerons tout à l'heure.

En ne changeant pas le cajet ou en ne retournant pas à temps, vous obtiendrez un fromage rouge et d'un aspect humide, répandant une odeur ammoniacale repoussante.

Dans la Marne, on livre beaucoup de fromages rouges ; il paraîtrait que certains marchands ne veulent les fromages que de cette couleur ; vraiment, c'est à n'y rien comprendre ; aussi beaucoup de fermiers ont perdu leur fabrication, et le consommateur est tout étonné de ne plus revoir l'ancien brie ; disons que c'est de la faute des acheteurs qui acceptent ces produits. Pourquoi, depuis quelque temps, cherche-t-on les moyens pour mieux faire ? Parce que l'on s'est aperçu qu'on faisait moins bien ; or je n'appelle pas la fabrication actuelle du progrès ; j'appellerai cela rétrograder. car les fermiers qui fabriquent ainsi n'ont pas grande difficulté à obtenir ce résultat ; je dirai plus : les personnes qui achètent pour de bon brie ce fromage dont le dessus est en décomposition apparente n'ont probablement jamais connu le *véritable bon brie,* car certainement elles n'hésiteraient pas à choisir voyant l'autre à côté.

De la moisissure.

Voici les différentes phases par où doit passer, en fabrication régulière, le fromage dit brie de saison, depuis son entrée dans la chambre ou cave, pour l'affiner, jusqu'au moment où il doit être livré à la consommation :

Il faut retourner tous les jours ou tous les deux jours ; puis, au bout de quatre à cinq jours, vous verrez naître sur le fromage une belle mousse blanche, dite salpêtrée, première végétation, qu'il conserve de six à huit jours, suivant la température.

Au bout de ce temps, il se forme une deuxième végétation qui apparaît en quelques boutons bleus ; au bout de quelques jours, ces boutons garnissent entièrement le fromage, qui compte à ce moment quinze à vingt jours de fabrication.

(Le brie de commerce est ordinairement vendu au bout d'une semaine : il n'a pas eu le temps de se faire suffisamment ; pour être bon, il faudrait au moins huit jours de plus.)

Cette moisissure extérieure, qui est, en général, volumineuse, poussant très abondamment, se trouve petit à petit aplatie en retournant le fro mage et amincie, formant ainsi ce qu'on appelle la pelure, et qui n'est autre que l'accumulation de ces cryptogames dont nous parlons.

Au bout de six semaines à deux mois de fabrication, une autre mousse blanche recouvre à nouveau le fromage, mais celle-ci est très légère et laisse voir, de place en place, des taches de vin assez accentuées dont la présence s'explique assez facilement par la décomposition de la première végétation, qui est devenue rouge et mélangée avec le bleu, deuxième végétation, produit forcément une couleur violacée et fait naître la troisième végétation.

En le coupant, vous voyez exactement figurer ces couches que j'indique, ou même vous pouvez vous en rendre compte autrement, en observant le fromage, quand il s'affine : vous voyez des gouttelettes marron clair perler sur les bords. Plus l'appartement est humide, plus ce phénomène est apparent.

Ces taches violacées finissent par être moins apparentes, et le champignon blanchâtre reprend un peu le dessus, mais ne ressemble en rien en volume aux premières végétations.

Le fromage est à ce moment déjà très avancé; c'est un vrai fromage d'amateurs, qui ne compte pas moins de quatre à cinq mois de fabrication. Ces fromages peuvent se conserver plus d'une année; mais en vieillissant on finit par avoir ce qu'on appelle l'extérieur poussiéreux, noirâtre, et il se produit, quand l'endroit est très humide, une couleur marron clair.

Les moisissures peuvent être multiples, en raison de l'appartement plus ou moins humide et des émanations causées par la présence de corps étrangers.

En fabrication régulière, dans un appartement pas trop humide, on peut diviser les phases par où passe le brie en trois végétations apparentes, je dirai même bien accentuées, en faisant observer cependant que la moisissure blanche reviendra quand même sur chaque végétation.

En le retournant, il faut s'assurer si l'humidité n'est pas trop grande; en renouvelant le cajet de jonc, il faut appuyer légèrement avec le doigt sur le fromage, et on se rend compte de la tenue de la pâte. S'il est trop mou à la cave, il faut le remonter dans une chambre bien aérée, pour le faire sécher un peu.

Recommandation expresse. — La chose essentielle à observer est de ne jamais chauffer l'appartement sous aucun prétexte ; cela rend la pâte grisâtre, et à la dégustation on sent toujours une odeur de fumée qui dénature complètement le goût du brie.

Si les fromages ont tendance à couler, que les courants d'air ne suffisent pas pour empêcher l'humidité, on y remédie au moyen d'un grand vase rempli de chaux vive qu'on met dans le milieu de la pièce, ou l'on étend par terre une couche de dix à quinze centimètres de hauteur de sciure de bois. On réussit ainsi à absorber l'humidité ; cela se présente plutôt en hiver.

L'apparence extérieure du fromage de Brie peut permettre de le juger sans le déguster. C'est pourquoi les différents champignons ou moisissures ont une si grande importance, et à l'odeur seule, en entrant dans la chambre à fromages, on peut augurer de la couleur de la végétation dont les fromages sont porteurs.

La moisissure ou champignon se greffe ; on l'obtient même à son gré, mais avec de grands soins.

Si l'on veut un fromage à l'extérieur rougeâtre, il suffit de mettre sous le fromage, à sa première végétation, un cajet de jonc ayant servi et qui n'a pas été lavé ; il sera porteur d'une décomposition couleur rouge de Saturne, qu'il communiquera immédiatement au fromage qu'il supportera. Et, puisque nous en sommes sur ce sujet, que chacun se rassure : puisqu'il y a divergence d'idées pour la couleur du champignon, on peut affirmer que, grâce aux recherches de quelques-uns de nos collègues, chimistes distingués, on peut obtenir à point nommé la moisissure de la couleur qu'on désire ; je crois même ne pas être indiscret, en vous annonçant un ouvrage scientifique qui doit paraître bientôt et qui vous édifiera sur tous ces points.

Il est reconnu qu'on peut semer le champignon sur le fromage ; pour mon compte personnel, je m'en suis convaincu encore tout dernièrement, et voici comment. On connaît les belles taches rouges qui viennent par hasard sur quelques fromages comme un cachet et qui sont fort recherchées ; elles sont pour beaucoup de personnes accidentelles et dues à l'endroit seul où sont conservés les fromages.

Je connais même quelques fermiers qui l'obtiennent presque toujours, ils sont privilégiés ; aussi je cherchai longtemps dans certaines caves humides, voulant à tout prix trouver le champignon similaire à celui-là, tout au moins en apparence, et je finis enfin par le découvrir.

Dans une cave humide où l'on avait laissé des tonneaux vides, j'aperçus sur l'un d'eux, et à la place de plusieurs fossets où le fût avait pleuré, deux végétations superbes d'un rouge vif au milieu, et entourées d'une belle moisissure blanche exactement comme ce que je désirais trouver.

Je m'empressai de les recueillir, puis de les mettre sur un fromage qui était à sa première végétation extérieure ; au bout de quelques jours, le champignon s'était étendu et teintait agréablement le fromage.

Ce n'était pas la première fois que je greffais un champignon d'une autre couleur, mais cette opération me fit d'autant plus de plaisir que j'avais sous la main ce que j'avais cherché si loin et que je désespérais de trouver.

Or, comme on a discuté souvent la couleur de l'extérieur du fromage, on peut aujourd'hui satisfaire tous les différents goûts. Si l'un veut un fromage rougeâtre, il demeure convenu qu'avec peu de sel, et en ne le retournant pas, on obtient ce résultat. Si on le désire d'un beau bleu, on l'obtient en salant uniformément, en retournant tous les jours le fromage et à la condition de renouveler chaque fois les cajets ; et enfin ces belles végétations blanches et rouges exceptionnelles, comme je l'indiquais plus haut. On pourrait faire en s'en occupant le dessus d'un même fromage aux couleurs nationales : je m'empresse de dire que ce serait peu pratique, mais au moins assez singulier, de voir servir à un grand diner un fromage de Brie portant son drapeau.

Avis aux amateurs.

En terminant cette fabrication, je constate avec vous qu'on a beaucoup de peine à bien réussir, et que, pour y arriver, ce n'est qu'à force de soins continuels, qu'on ne peut malheureusement dicter d'avance. Il faut presque lutter avec ce *produit capricieux*, observer à tout moment de la journée la température ; en un mot, il faut des soins de tous les instants, qui ne peuvent être donnés que par soi-même ou par des préposés habiles et bien dévoués.

Du reste, nous savons tous qu'on n'obtient rien sans peine, et, cette fabrication étant aussi intéressante que lucrative, tous les fabricants, s'attachant à tous ces petits détails, trouveront à écouler leurs produits à un prix rémunérateur qui compensera largement les ennuis.

FIN

COULOMMIERS. — TYPOG. PAUL BRODARD.

COULOMMIERS. — TYPOG. PAUL BRODARD

www.ingramcontent.com/pod-product-compliance
Lightning Source LLC
LaVergne TN
LVHW050459160826
845677LV00003B/831